BEI GRIN MACHT SICH IHR WISSEN BEZAHLT

- Wir veröffentlichen Ihre Hausarbeit,
  Bachelor- und Masterarbeit

- Ihr eigenes eBook und Buch -
  weltweit in allen wichtigen Shops

- Verdienen Sie an jedem Verkauf

Jetzt bei www.GRIN.com hochladen und kostenlos publizieren

Nils Fricke

Die Schweigespirale als Methode zur Untersuchung von rechtsradikalem Gedankengut

GRIN Verlag

Bibliografische Information der Deutschen Nationalbibliothek:

Die Deutsche Bibliothek verzeichnet diese Publikation in der Deutschen National-
bibliografie; detaillierte bibliografische Daten sind im Internet über http://dnb.d-
nb.de/ abrufbar.

Dieses Werk sowie alle darin enthaltenen einzelnen Beiträge und Abbildungen
sind urheberrechtlich geschützt. Jede Verwertung, die nicht ausdrücklich vom
Urheberrechtsschutz zugelassen ist, bedarf der vorherigen Zustimmung des Verla-
ges. Das gilt insbesondere für Vervielfältigungen, Bearbeitungen, Übersetzungen,
Mikroverfilmungen, Auswertungen durch Datenbanken und für die Einspeicherung
und Verarbeitung in elektronische Systeme. Alle Rechte, auch die des auszugsweisen
Nachdrucks, der fotomechanischen Wiedergabe (einschließlich Mikrokopie) sowie
der Auswertung durch Datenbanken oder ähnliche Einrichtungen, vorbehalten.

Impressum:

Copyright © 2014 GRIN Verlag GmbH
Druck und Bindung: Books on Demand GmbH, Norderstedt Germany
ISBN: 978-3-656-76547-9

Dieses Buch bei GRIN:

http://www.grin.com/de/e-book/281979/die-schweigespirale-als-methode-zur-
untersuchung-von-rechtsradikalem-gedankengut

Otto-Friedrich-Universität Bamberg
Lehrstuhl für Politische Soziologie
Wintersemester 2013/2014
Seminar: Politische Kommunikation

Die Theorie der Schweigespirale

Ein Vorschlag zur Untersuchung der Kommunikationsbereitschaft
rechtsradikalen Gedankenguts in Deutschland

Nils Fricke
Fachsemester 4
BA Kommunikationswissenschaft, Politikwissenschaft,
Betriebswirtschaftslehre

Inhaltsverzeichnis

Abbildungsverzeichnis 3

1. Einleitung 4

2. Grundlagen der Schweigespirale 5

2.1. Die Schweigespirale: Begriffserklärung „Öffentliche Meinung" 5

2.2. Die Schweigespirale: Definition und Effekte 5

2.3. Die Schweigespirale: Die Rolle der Medien 6

3. Rechtsradikale Einstellung in Deutschland 7

4. Allgemeine Untersuchung zum Nachweis der Schweigespirale 9

5. Vorstellung einer Studie zur öffentlichen Kommunikationsbereitschaft 11

6. Empirische Anwendung 11

6.1. Repräsentative Bevölkerungsumfragen 12

6.2. Eisenbahntest 13

7. Fazit 14

8. Literaturverzeichnis 15

Abbildungsverzeichnis

Abbildung I: Zustimmung zu den Aussagen der Dimension "Ausländerfeindlichkeit"

Abbildung II: Geschlossenes rechtsextremes Weltbild von 2002-2012

1. Einleitung

Europakritische Stimmen aus verschiedenen europäischen Ländern gab es immer. Der Zuwachs aber, den rechtsradikale Parteien in den vergangenen Jahren, im Zuge der Wirtschaftskrise und den Fiskalpakten europaweit verbuchen konnten, zeigt, dass nationalistisches Gedankengut in Europa wieder im Aufschwung ist. Ziele der Hetze sind schnell gefunden, die Parteien vom rechten politischen Rand wettern gegen Asylpolitik, Sozialschmarotzer, den Euro, Ausländer und den Islam und zeigen sich in ihrem Erscheinungsbild konservativ und europaskeptisch. Vor allem in Frankreich in Form der „Front national" (FN) und den Niederlanden durch die „Partei für Freiheit" (PVV), erleben die ultrarechten einen Aufschwung wie lange nicht, und die nationalistischen Interessen werden öffentlich kundgetan. Auch in Deutschland bildete sich im Jahr 2013 mit der „Alternative für Deutschland" (AfD) eine europakritische Partei, die sich zwar selbst nicht als rechtspopulistische Partei sieht, aber dennoch als Auffangbecken für rechtsradikale Randgruppierungen dient. Die Fusionierung nationalistischer Kräfte in einer Partei ist in Deutschland – anders als in den meisten Nachbarländern, wie beispielsweise Frankreich, Dänemark und den Niederlanden – noch nicht gelungen (vgl. Oliver Decker, 2012: S.15). Daher stellt sich die Frage, inwieweit der nationalistische Gedanke in der deutschen Bevölkerung vertreten ist, und in welchem Maße dieser öffentlich kommuniziert wird.

Angesichts dessen wird im Folgenden dargestellt, inwiefern die Theorie der Schweigespirale auf die öffentliche Kommunikationsbereitschaft rechten Gedankengutes in Deutschland zutrifft. Ferner wird ein Forschungsdesign für die theoretische Messung dieser Kommunikationsbereitschaft vorgestellt.

Einführend werden die grundlegenden Annahmen zur Theorie der Schweigespirale vorgestellt, um ein Verständnis für öffentliche Meinung und die daraus resultierende Isolationsangst zu schaffen. Darauffolgend wird anhand der Studie „Mitte im Umbruch", die Verbreitung von Rechtsradikalismus in Deutschland aufgezeigt, um die häufig unterschätzte Verbreitung rechten Gedankenguts zu verdeutlichen und den Hintergrund der vorliegenden Arbeit zu erklären. Im Anschluss wird ein, von Elisabeth Noelle-Neumann entworfenes Forschungsdesign zur Analyse von öffentlicher Kommunikationsbereitschaft, sowie eine themenverwandte Forschungsarbeit vorgestellt, um hiervon abschließend einen Vorschlag für ein eigenständig entworfenes

Forschungsdesign, welches der Messung der öffentlichen Kommunikationsbreitschaft von rechtsradikalem Gedankengut in Deutschland dient, abzuleiten.

2. Grundlagen der Schweigespirale

2.1. Die Schweigespirale: Begriffserklärung „Öffentliche Meinung"

Die öffentliche Meinung nimmt in der Theorie der Schweigespirale eine wichtige Rolle ein. Der Begriff der öffentlichen Meinung ist ein umstrittener Begriff mit einer hohen Anzahl an Definitionen, der als sozialer, politischer und wissenschaftlicher Hilfsbegriff dient. Da im Verlauf der vorliegenden Arbeit auf die von Elisabeth Noelle-Neumann entwickelte Theorie der Schweigespirale eingegangen wird, orientiert sich die Arbeit an einer von ihr verfassten Definition:

„Unter öffentliche Meinung versteht man wertgeladene, insbesondere moralisch aufgeladene Meinungen und Verhaltensweisen, die man – wo es sich um festgewordene Übereinstimmung handelt, zum Beispiel Sitte, Dogma – öffentlich zeigen muss, wenn man sich nicht isolieren will. [...] Öffentliche Meinung gegründet auf das unbewusste Bestreben von in einem Verband lebenden Menschen, zu einem gemeinsamen Urteil zu gelangen, zu einer Übereinstimmung, wie sie erforderlich ist, um handeln und wenn notwendig entscheiden zu können. Belohnt wird Konformität, bestraft wird der Verstoß gegen das übereinstimmende Urteil."[1]

2.2. Die Schweigespirale: Definition und Effekte

Die Hauptannahmen der Theorie der Schweigespirale basieren auf „einer anthropologischen Hypothese über die Bereitschaft von Menschen, in der Öffentlichkeit ihre bzw. überhaupt eine Meinung zu äußern."[2] Es wird angenommen, dass Menschen eine soziale Akzeptanz ihrer Umwelt anstreben und in ihrem Umfeld Anschluss und Anerkennung suchen. Dieses Streben wollen sie nicht durch unbedachte Äußerungen gefährden, mit denen sie ins Abseits geraten könnten. Es besteht die Annahme, dass die Abweichung von der Mehrheitsmeinung in sozialer Isolation resultiert, diese wird jedoch von der Mehrheit vermieden, da sie nicht als Außenseiter angesehen werden möchten (vgl. Sander, 2008: S.279). Die Menschen beobachten somit „ständig und ,quasi-statisch' ihre Umwelt und veruschen in puncto Meinungsbildung (z.B. politische

---

[1] (Noelle-Neumann, Öffentliche Meinung - Die Entdeckung der Schweigespirale, 1991, S. 324)
[2] (Sander, 2008, S. 279)

Einstellung) Majoritäten bzw. Minoritäten, also Mehrheits- und Mindeheitsmeinungen auszumachen."[3] Um Aufschluss über die Meinungsverteilung zu bekommen, haben die Menschen zwei Möglichkeiten: Zum einen der direkte Kontakt mit der Umwelt, durch die Kommunikation mit Freunden, Bekannten und der Familie und zum anderen über den indirekten Kontakt mit den Massenmedien.

Nach Elisabeth Noelle-Neumann tendiert eine Person, die den Eindruck hat, dass ihre Meinung nicht mit der Mehrheitsmeinung einhergeht, dazu ihre Meinung nicht mehr öffenltich zu äußern und diese zu verschweigen. Auf der Gegenseite, wirkt sich der Konformitätsdruck positiv auf die Individuen aus, deren persönliche Meinung mit der Mehrheitsmeinung konvergent ist. In diesem Fall wird die Meinungsäußerung in der Öffentlichkeit nicht unterdrückt, sondern gefördert. Neben der gegenwärtigen, nimmt aber vor allem die zukünftige Meinungssituation bezüglich der Kommunikationsbereitschaft eine wichtige Position ein. Noelle-Neumann nimmt an, dass eine Minderheit, die erwartet zukünftig eine Mehrheit zu werden, kommunikativer wird, als eine Mehrheit, die davon ausgeht nicht als Mehrheit bestehen zu bleiben (vgl. Noelle-Neumann, 1979: S. 199).

2.3. Die Schweigespirale: Die Rolle der Medien

Massenmedien nehmen im Rahmen der Theorie der Schweigespirale eine wesentliche Rolle ein. Sie haben die Möglichkeit, bestimmten Themen Öffentlichkeit zu verleihen und können den Rezipienten der Medien, wie oben bereits erwähnt, als „eine Quelle der Umweltbeobachtung dienen"[4] und neben dem Informationskanal des sozialen Umfelds aufzeigen, „mit welchen Ansichten und Verhaltensweisen man sich isolieren kann, und welche öffentlich gezeigt werden können, ohne in Isolationsgefahr zu geraten."[5] Meinungen die über einen längeren Zeitraum, von mehreren Individuen durch die Massenmedien präsentiert werden, können sich in der „subjektiven Wahrnehmung der Einzelnen peu à peu zu Mehrheits- oder ‚herrschenden Meinungen' "[6] ändern. Die Menschen orientieren sich also „an der aus den Medien erschlossenen Mehrheitsmeinung."[7] Somit besteht die Möglichkeit, dass in der breiten Öffentlichkeit der Eindruck entstehe könnte, dass die mediale Meinung die Mehrheitsmeinung

---

[3] (Sander, 2008, S. 279)
[4] (Roessing, 2009, S. 209)
[5] (Roessing, 2009, S. 209)
[6] (Sander, 2008, S. 279)
[7] (Schulz, 2008, S. 235)

widerspiegelt. Massenmedien könnten beispielsweise eine vorherige Minderheitsmeinung so präsentieren, dass der Eindruck entsteht, sie sei eine Mehrheitsmeinung. Dieser Vorgang führt dazu, dass Menschen die der eigentlichen Mehrheitsmeinung angehören, ihre Meinung immer weniger äußern, und der Eindruck entsteht, dass ihre Gruppe immer kleiner wird, was wiederum dazu führt, dass sie noch stärker dazu tendieren zu schweigen. Auf der anderen Seite nimmt die Gruppe mit gegensätzlicher Meinung ihre Ansicht verstärkter wahr, und kommuniziert diese somit verstärkt in der Öffentlichkeit. Die dadurch entstehende Spirale könnte dann tatsächlich dazu führen, dass die ehemalige Minderheitsmeinung zur Mehrheitsmeinung konvertiert und andersherum. Allerdings wird eingewendet, dass die Massenmedien „nicht alle Gesellschaftsmitglieder gleichermaßen erreichen"[8], sondern „es viel mehr auf eine individuelle Mediennutzung bzw. Wahrnehmung von Medieninhalten ankomme."[9]

3. Rechtsradikale Einstellung in Deutschland

Für den Begriff des Rechtsradikalismus liegt keine wissenschaftliche Definition vor. Die vorliegende Arbeit stützt sich auf die Definition von Michael Minkenberg. Er bezeichnet den Rechtsradikalismus als „eine politische Ideologie oder Strömung, die auf ultranationalistischen Vorstellungen basiert und sich tendenziell – nicht notwendigerweise direkt und explizit – gegen die liberale Demokratie richtet. Der ultranationalistische Kern im rechtsradikalen Denken besteht darin, dass in der Konstruktion nationaler Zugehörigkeit spezifische ethnische, kulturelle oder religiöse Kriterien der Inklusion und Exklusion verschärft, zu kollektiven Homogenitätsvorstellungen verdichtet und mit autoritären Politikmodellen verknüpft werden."[10]

Zur Darstellung der rechtsradikalen Einstellung in Deutschland, wird die, von der Friedrich-Ebert-Stiftung seit 2006 im Zweijahresrhythmus stattfindende, „Mitte-Studie" herangezogen. Die aktuellsten Ergebnisse hierzu stammen aus der bundesweiten, repräsentativen Umfrage „Die Mitte im Umbruch" aus dem Jahr 2012. Durch die Auswertung der Ergebnisse ließ sich erkennen, dass rechtsradikale Einstellungen in Deutschland auf einem hohen Niveau geblieben sind. In der Umfrage wurde auf sechs Dimensionen genauer eingegangen, „die das mehrdimensionale rechtsextreme

---

[8] (Schenk, 2007, S. 550)
[9] (Schenk, 2007, S. 550)
[10] (Minkenberg, 2011, S. 42)

7

Einstellungsmuster ausmachen."[11] Unterteilt wurden diese Dimensionen in „Befürwortung einer rechtsgerichteten Diktatur, Chauvinismus, Ausländerfeindlichkeit, Antisemitismus, Sozialdarwinismus sowie Verharmlosung des Nationalsozialismus."[12] Vor allem auf die Aussagen der Dimension „Ausländerfeindlichkeit" waren hohe Zustimmungswerte zu erkennen. Die Frage, ob Ausländer nach Deutschland kommen, um den Sozialstaat auszunutzen, bejahten 36% der Bundesbürger. 31,7% der Gesamtbefragten stimmten, der Aussage zu, dass man Ausländer bei Arbeitsplatzknappheit wieder in ihre Heimat zurückschicken solle. Ausländerfeindlichkeit ist deutschlandweit mit 25,1% am meisten in der Bevölkerung verbreitet (Oliver Decker, 2012, S. 34).

Abbildung I: Zustimmung zu den Aussagen der Dimension "Ausländerfeindlichkeit"

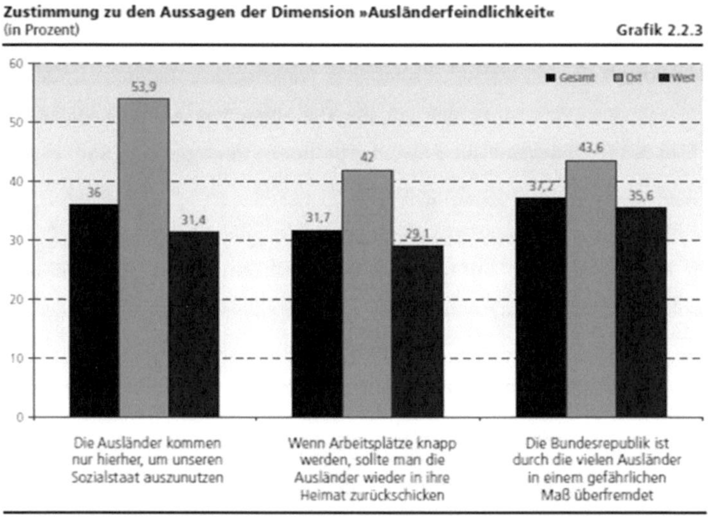

Quelle: "Die Mitte im Umbruch" (2012): S. 34)

Betrachtet man ganz Deutschland und die Gesamtheit aller Forschungsdimensionen, ist in den vergangenen zwei Jahren ein Anstieg an Personen, die ein geschlossenes rechtsextremes Weltbild haben, von 8,2% auf 9,0% zu erkennen. Vor allem in Ostdeutschland stieg die Anzahl der Personen mit rechtem Gedankengut von 10,5% auf

---

[11] (Oliver Decker, 2012, S. 31)
[12] (Oliver Decker, 2012, S. 31)

15,8% an, wohingegen in Westdeutschland ein Rückgang von 7,6% auf 7,3% zu verbuchen war.

Abbildung II: Geschlossenes rechtsextremes Weltbild von 2002-2012

Geschlossenes rechtsextremes Weltbild von 2002-2012
(in Prozent)   Tabelle 2.4.1

Geschlossenes rechtsextremes Weltbild	2002	2004	2006	2008	2010	2012
Gesamt	9,7	9,8	8,6	7,6	8,2	9,0
Ost	8,1	8,3	6,6	7,9	10,5	15,8
West	11,3	10,1	9,1	7,5	7,6	7,3

Grenzwert > 63 bei Minimum 18 und Maximum 90
Der Grenzwert von 63 wird überstiegen, wenn alle 18 Items mit durchschnittlich mindestens 3,5 (insgesamt fünf Antwortmöglichkeiten: 3 = »teils/teils«, 4= »stimme überwiegend zu«, 5 = »stimme voll und ganz zu«) beantwortet wurden.

Quelle: "Die Mitte im Umbruch" (2012): S. 39)

4. Allgemeine Untersuchung zum Nachweis der Schweigespirale

Um im Verlauf dieser Arbeit, einen Vorschlag zur Untersuchung der öffentlichen Kommunikationsbereitschaft bezüglich rechten Gedankengutes in Deutschland zu erarbeiten, ist es zunächst notwendig, wichtige Bedingungen zum Zusammenhang zwischen öffentlicher Meinung und Kommunikationsbereitschaft zu klären. Um ein Thema analysieren zu können, muss vorerst dessen gesellschaftliche Relevanz sowie die Wertgeladenheit, also dessen emotionales Potential, geprüft werden. Hierfür müssen folgende Punkte gegeben sein:

„1. Das Thema, um das es geht und zu dem öffentliche Kommunikation gefragt ist, muss ein aktuelles Thema sein, das auch in der Öffentlichkeit diskutiert wird. Nur wenn ein Thema öffentlich diskutiert wird, können Menschen auch eine öffentliche Meinung beobachten und eine Einschätzung der öffentlichen Meinung zu dem Thema vornehmen.

2. Das Thema, um das es geht, muss ein wertgeladenes Thema sein, das moralisiert werden kann. Warum ist die Wertgeladenheit eine Voraussetzung für die Wirksamkeit der öffentlichen Meinung? Nur wenn man sich moralisch ins Abseits reden und dabei Achtung und Prestige verlieren kann, wirkt die Isolationsfurcht."[13]

---

[13] (Dieter Fuchs, 1991, S. 4)

Ersteres wird, so der Vorschlag Noelle-Neumanns, mit der in Wahlforschung üblichen Fragestellung nach Themen, über die im Moment viel gesprochen wird, messbar gemacht (vgl. Noelle-Neumann, 1989: S.427). Hierbei werden die interviewten Personen nach den wichtigsten politischen Themen gefragt. Befindet sich das für die Analyse gewählte Thema bei der repräsentativen Umfrage unmittelbar in den von den Befragten genannten Themen, kann es als wichtiges Thema eingestuft werden.

Punkt zwei, die Wertgeladenheit eines Themas ist von Noelle-Neumann häufig mit „der Frage operationalisiert und gemessen worden, ob das betreffende Thema ein Thema ist, über das man mit Freunden heftig aneinandergeraten kann."[14] Diese Frage kann ebenfalls durch eine Umfrage geklärt werden. Im Folgenden muss man allerdings „die Subgruppen derer, für die das Thema ein wertgeladenes Thema ist"[15] separat von der Gruppe untersuchen, die negativ auf die Frage geantwortet hat.

Nachdem die Fragen, ob es sich um öffentliches und wertgeladenes Thema handelt beantwortet sind, soll im nächsten Schritt nun die Kommunikationsbereitschaft der Probanden analysiert werden. Diese wird mit dem von Noelle-Neumann entwickelten „Eisenbahntest" ermittelt. Mit dem „Eisenbahntest" simulierte sie im Interview mit den Befragten eine mehrstündige Eisenbahnfahrt. Während dieser fanden sich die Befragten in einer öffentlichen Situation mit anderen Beteiligten wieder (vgl. Noelle-Neumann, 1991: S.35). Noelle-Neumann konfrontierte die Interviewten nun mit Mitreisenden „die eine der ihren entgegengesetzten Meinung"[16] vertraten, um zu testen, wie wahrscheinlich es ist, dass die Propanden sich an einer Unterhaltung, die ihrer Meinung gegensätzlichen ist, beteiligen würden. Die Hypothese, die hierdurch geprüft werden sollte, war: „In einer Kontroverse sind verschiedene Lager unterschiedlich bereit, sich öffentlich sichtbar für ihre Überzeugung einzusetzen."[17] Das Lager, das eine höhere Kommunikations- und Bekenntnisbereitschaft zeigt „wirkt stärker und beeinflusst dadurch andere, sich den offensichtlich Stärkeren"[18] anzuschließen.

---

[14] (Dieter Fuchs, 1991, S. 5)
[15] (Dieter Fuchs, 1991, S. 5)
[16] (Noelle-Neumann, Öffentliche Meinung - Die Entdeckung der Schweigespirale, 1991, S. 35)
[17] (Noelle-Neumann, Öffentliche Meinung - Die Entdeckung der Schweigespirale, 1991, S. 35)
[18] (Noelle-Neumann, Öffentliche Meinung - Die Entdeckung der Schweigespirale, 1991, S. 35)

5. Vorstellung einer Studie zur öffentlichen Kommunikationsbereitschaft

Um einen themenspezifischen Eindruck zum Rechtsradikalismus in Deutschland zu geben, sowie eine Studie vorzustellen, die sich ebenfalls auf Noelle-Neumann bezieht, wird die Studie „Öffentliche Kommunikationsbereitschaft. Ein Test zentraler Bestandteile der Theorie der Schweigespirale" von Dieter Fuchs, Jürgen Gerhards und Friedhelm Neidhardt, beleuchtet. Die Forscher untersuchten in ihrer Studie die Aussagen zur öffentlichen Kommunikationsbereitschaft, also ob Menschen sich öffentlich zu Wort melden und ihre persönliche Meinung zu einem Thema vertreten oder nicht. Die Untersuchung fand anhand des Beispiels der Asylpolitik Deutschlands statt und bezog sich auf die Frage, „ob die Bundesrepublik Deutschland alle Asylanten sofort wieder in ihre Heimatländer zurückschicken soll oder nicht."[19]

Die Aktualität des Themas wurde durch das Ergebnis einer repräsentativen Bevölkerungsumfrage, die im selben Zeitraum wie die Untersuchung von Fuchs, Gerhards und Neidhardt durch die „Forschungsgruppe Wahlen Mannheim" stattfand, als gegeben angesehen. Hier belegte das Asylantenthema die sechste Stelle der wichtigsten Probleme (vgl. Dieter Fuchs, 1991: S.5). Um die Wertgeladeneheit des Themas zu messen, orientierten sich die Forscher an der von Noelle-Neumann vorgeschlagenen Frageformulierung, ob man über das Thema heftig mit Freunden aneinandergeraten kann. 38,4% der Befragten stimmten in diesem Punkt zu. Hinsichtlich der Frage nach der Kommunikationsbereitschaft in einem Zugabteil zum Asylantenthema, äußerten 42,8% der Gesamtheit aller Befragten, dass sie sich an einem Gespräch beteiligen würden. Bezüglich der Frage nach der persönlichen Meinung stimmten 34,2% der Aussage zu, dass Asylanten sofort wieder in ihre Heimatländer geschickt werden sollen. 43,2% lehnten die Aussagen ab, während die restlichen 22,6% als Unentschieden eingestuft wurden (vgl. Dieter Fuchs, 1991: S.7).

6. Empirische Anwendung

Zur Analyse der Kommunikationsbereitschaft von Menschen mit rechtem Gedankengut in Deutschland, wird im Folgenden ein Untersuchungsablauf vorschlagen, welcher sich überwiegend an der von Elisabeth Noelle-Neumann vorgeschlagenen Herangehensweise orientiert. Aufgrund des begrenzten Rahmens der vorliegenden

---

[19] (Dieter Fuchs, 1991, S. 5)

Arbeit, handelt es sich jedoch nur um ein hypothetisches Forschungsdesign und keine empirische Studie.

6.1. Repräsentative Bevölkerungsumfragen

Zu Beginn gilt es, die Relevanz des behandelten Themas zu überprüfen, um sicher zu gehen, dass es sich bei dem gewählten Inhalt um eine gesellschaftlich wichtige Problematik handelt. Nur wenn das Thema gesellschaftliche Relevanz hat und öffentlich diskutiert wird, ist davon auszugehen, dass die Öffentlichkeit eine Meinung dazu hat. Ist eine öffentliche Meinung nicht vorhanden, wäre es auch nicht möglich die Kommunikationsbereitschaft der Menschen bezüglich dieser zu messen. Somit wäre auch die Untersuchung einer möglichen Schweigespirale nicht möglich.

Zur Bestimmung der Wichtigkeit könnte eine repräsentative, schriftliche Befragung durchgeführt werden, um ein gewisses Maß an Anonymität zu schaffen. Als Frage könnte folgende verwendet werden: „Was ist Ihrer Meinung nach gegenwärtig das wichtigste Problem in der Bundesrepublik?"[20] Als Antwortmöglichkeiten wären mehrere Themen (z.B. 14 Themen, unter anderem Asylanten, Ausländer, Aussiedler, Arbeitslosigkeit, Umweltschutz, Mieten / Wohnungsmarkt, Renten und Alte, Gesundheitsreform, Steuerpolitik, Innere Sicherheit, Rechtsradikalismus, etc.), die täglich Teil politischer Diskussionen sein könnten, aufgelistet (vgl. Forschungsgruppe Wahlen, 1989: S.1). Mit der Durchführung einer schriftlichen Umfrage würde, gegensätzlich zum Vorgehen der Forschungsgruppe Wahlen Mannheim, die eine telefonische Befragung durchführte, vorgegangen werden. Der Hintergedanke dabei ist, dass durch eine schriftliche Befragung ohne Interviewer eine Anonymität geboten wäre, die die Befragten frei vom Druck nach sozialer Erwünschtheit antworten ließe. Das Ziel dahinter ist, dass die interviewten Personen ohne Sorge vor sozialer Ausgrenzung, Themen als politisches Problemfeld auswählen könnten. Im Anschluss an die Befragung würden die Fragebögen ausgewertet und die Antworten nach der Häufigkeit ihrer Nennungen aufgelistet werden. Es wird nun angenommen, dass Angst vor Verfremdung Deutschlands durch Ausländer als relevantes Thema eingeordnet werden würde, über das national kontrovers diskutiert wird. Durch die Einordnung des Themas als wichtiges politisches Problemfeld, kann davon ausgegangen werden, dass eine öffentliche Meinung dazu vorliegt.

---

[20] (Forschungsgruppe Wahlen, 1989)

Im Anschluss an die erste Frage, die zur Festlegung der Wichtigkeit des Themas dient, wird eine weitere Umfrage durchgeführt, um die Wertgeladenheit der Thematik zu messen, und aufgrund dessen die Wirksamkeit der öffentlichen Meinung. Ist das Thema nämlich nicht moralisch behaftet, besteht auch kein großes Risiko, mit seiner Meinung an sozialer Akzeptanz zu verlieren und sich zu isolieren. Dies kann mit der von Noelle-Neumann formulierten Frage, ob das Thema ein Thema ist, über das man mit Freunden aneinandergeraten kann, bestimmt werden (vgl. Noelle-Neumann, 1989: S. 427). In der vorliegenden Arbeit wird angenommen, dass ein Großteil der Befragten positiv auf diese Frage antworten würde und das Thema als wertgeladen ansieht.

6.2. Eisenbahntest

Nun gilt es die öffentliche Kommunikationsbereitschaft der Befragten zu untersuchen. Im Folgenden würde zuerst auf die allgemeine öffentliche Kommunikationsbereitschaft eingegangen werden, und im Anschluss auf die spezifische Kommunikationsbereitschaft. Hierfür würde der von Elisabeth Noelle-Neumann entwickelte „Eisenbahntest" angewandt werden. Er simuliert eine öffentliche Situation, in der sich die Probanden mit anderen Personen befinden (vgl. Noelle-Neumann, 1991: S.33 f.). Die Ausgangsfrage, die jetzt gestellt werden würde lautet folgendermaßen: „Angenommen, Sie befinden sich auf einer mehrstündigen Zugfahrt und in Ihrem Abteil befinden sich noch weitere Personen, die über Politik reden. Wie wahrscheinlich wäre es, dass Sie sich an dem Gespräch beteiligen?" Die Befragten hätten die Möglichkeit auf einer Likert-Skala mit fünf Antwortmöglichkeiten und den verbalisierten Endpunkten „sehr wahrscheinlich" und „sehr unwahrscheinlich" zu antworten. Um nun die spezifische öffentliche Kommunikationsbereitschaft zu untersuchen, würde nur auf die Probanden eingegangen werden, die positiv auf die vorherige Frage geantwortet haben, da sie eine allgemeine Kommunikationsbereitschaft aufzeigen. Im nächsten Schritt würden die Befragten mit Personen, die eine konträre Meinung haben, konfrontiert werden. Die an die Befragten gerichtete Frage könnte folgendermaßen lauten: „Stellen Sie sich vor, ein Mitreisender vertritt den Standpunkt, dass die Aussage, dass aufgrund von Ausländern eine Verfremdung Deutschlands in gefährlichem Maße stattfindet und man daher arbeitslose Ausländer ausweisen sollte, rechtsradikal sei. Würden Sie dieser Aussage zustimmen?" Die Antwort wäre auch hier anhand einer Likert-Skala mit den Punkten „stimme voll und ganz zu", „stimme überwiegend zu", „stimme teils zu, teils nicht zu", „lehne überwiegend ab" und „lehne völlig ab" anzugeben.

13

Anhand dieses Ergnisses ließe sich nun erkennen, wie viele derer, die bereits eine öffenltiche Kommunikationsbereitschaft gezeigt haben, bereit sind auch ihre spezifische Einstellung zur Begrenzung der Einwanderungspolitik Deutschlands und der Ausweisung arbeitsloser Migranten öffentlich zu äußern. Die Personen, die der Meinung des Mitreisenden nicht zustimmen, könnte man nun als Individuen mit der Bereitschaft zur öffentlichen Kommunikation rechtsradikalen Gedankenguts kategorisieren.

7. Fazit

Schlussendlich gilt es einen kritischen Blick auf das entworfene Forschungsdesign zu werfen, sowie rückblickend die Wirkung der Isolationsangst und der öffentlichen Meinung zu resümieren.

Bei Betrachtung der im Forschungsdesign verwendeten Öffentlichkeit, ist zu kritisieren, dass ein Eisenbahnabteil mit einer geringen Anzahl Mitreisender, einen sehr kleinen Rahmen an Öffentlichkeit darstellt. Vor allem der Faktor, dass sich die befragte Person mit den anderen Reisenden nur während einer bestimmten Zeitspanne umgibt, und sie ihr somit nur eine zeitlich begrenzte Öffentlichkeit bieten, ist hier zu beachten. Zusätzlich muss auch die Motivation des Einzelnen in Betracht gezogen werden, der die Überlegung haben könnte, ob sich eine Diskussion mit seinem aktuellen Umfeld während der Reisephase lohnt, da der Zeitraum viel zu gering ist, um durch eine Gesprächsbeteiligung Einfluss auf die Meinung der Mitmenschen auszuüben.

Abschließend kann man sagen, dass der Druck der öffentlichen Meinung, wie auch die Angst vor Isolation in einem Zugabteil kaum vollständig zur Entfaltung kommen würde. Die Situation ist nicht vergleichbar mit der permanenten Öffentlichkeit, die die Familie, der Freundeskreis oder beispielsweise der Arbeitsplatz bieten würde. Die Angst durch seine Meinung in seinem täglichen Umfeld isoliert zu werden ist um ein Vielfaches höher einzuschätzen, als die während einer Zugfahrt. Somit kann zusammenfassend das Resultat gezogen werden, dass das oben beschriebene Forschungsdesign nicht wirklich repräsentative Ergebnisse liefern und daher als sozialwissenschaftliche Studie Gebrauch finden könnte.

8. Literaturverzeichnis

Dieter Fuchs, J. G. (1991). *Öffentliche Kommunikationsbereitschaft - Ein Test zentraler Bestandteile der Theorie der Schweigespirale.* Berlin: Wissenschaftszentrum Berlin für Sozialforschung gGmbh (WZB).

Forschungsgruppe Wahlen, M. (1989). *Europawahl 1989. GESIS Datenarchiv, Köln. ZA1765 Datenfile Version 1.0.0, doi:10.4232/1.1765* .

Minkenberg, M. (2011). Die radikale Recht in Europa heute: Trends und Muster in West und Ost. In B. S. Nora Langenbacher, *Europa auf dem "rechten" Weg? - Rechtsextremismus und Rechtspopulismus in Europa* (S. 39-59). Berlin: Friedrich-Ebert-Stiftung.

Noelle-Neumann, E. (1989). Die Theorie der Schweigespirale als Instrument der Medienwirkungsforschung. In W. S. Max Kaase, *Massenkommunikation* (S. 418-440). Köln: Opladen: Westdeutscher Verlag (Sonderheft 30 der Kölner zeitschrift für Soziologie und Sozialpsychologie).

Noelle-Neumann, E. (1991). *Öffentliche Meinung - Die Entdeckung der Schweigespirale.* Frankfurt am Main; Berlin: Ullstein.

Noelle-Neumann, E. (1979). *Öffentlichkeit als Bedrohung. Beiträge zur empirischen Kommunikationsforschung.* Freiburg, München: Karl Alber .

Oliver Decker, J. K. (2012). *Die Mitte im Umbruch - Rechtsextreme Einstellung in Deutschland 2012.* Bonn: J.H.W. Dietz Nachf. GmbH.

Priester, K. (2012). *Rechter und linker Populismus - Annährung an ein Chamäleon.* Frankfurt am Main: Campus Verlag.

Roessing, T. (2009). *Öffentliche Meinung - die Erforschung der Schweigespirale.* Baden-Baden: Nomos.

Sander, U. (2008). Die Theorie der Schweigespirale. In F. v.-U. Uwe Sander, *Handbuch der Mediepädagogik* (S. 278-281). Wiesbaden: VS VErlag für Sozialwissenschaften.

Schenk, M. (2007). *Medienwirkungsforschung.* Tübingen: Mohr Siebeck.

Schulz, W. (2008). *Politische Kommunikation - Theoretische Ansätze und Ergebnisse empirischer Forschung.* Wiesbaden: VS Verlage für Sozialwissenschaften | GWV Fachverlage Gmbh.

Wolfgang Schweiger, M. W. (Dezember 2008). Öffentliche Meinung als Online-Diskurs - ein neuer empirischer Zugang. *PUBLIZISTIK* , S. 535-559.

15